Bibliografische Information der Deutschen Nationalbibliothek:

Die Deutsche Bibliothek verzeichnet diese Publikation in der Deutschen Nationalbibliografie; detaillierte bibliografische Daten sind im Internet über http://dnb.d-nb.de/ abrufbar.

Impressum:

Druck und Bindung: Books on Demand GmbH, Norderstedt Germany
ISBN: 9783668891371

Dieses Buch bei GRIN:

https://www.grin.com/document/452556

Julius Peters

Das Auge als Kamera. Vergleich der Retina des menschlichen Auges mit dem Bayer-Sensor einer Videokamera

GRIN Verlag

VERGLEICH DER RETINA DES MENSCHLICHEN AUGES UND DEM BAYER-SENSOR EINER VIDEOKAMERA

Julius Peters

Schule:	BZTG-Oldenburg
Schuljahr:	12
Kurs:	PFG20
Fach:	Gestaltungs- und Medientechnik Praxis
Thema:	Vergleich der Retina des menschlichen Auges und dem Bayer-Sensor einer Videokamera
Ausgabetermin des Themas:	16.01.2018
Abgabetermin der Arbeit:	27.02.2018

Inhalt

I. Einleitung

1. Inhaltsübersicht

„Das Auge ist die beste Kamera der Welt", dieses oder Ähnliches liest man oft im Internet und in Zeitschriften. Aber stimmt das wirklich? Im Rahmen dieser Arbeit sollen die Unterschiede und Gemeinsamkeiten zwischen der Retina (Netzhaut) des menschlichen Auges und dem Bayer–Sensor einer (Video)-Kamera analysiert werden. Ziel ist es, den Leser auch über den Aufbau und die Funktion der Netzhaut und des Sensors zu informieren. Für ein grundlegendes Verständnis werden wir in einer groben Übersicht auf die verschiedenen Aspekte eingehen und am Ende einen Vergleich ziehen.

Zunächst geben wir im ersten Kapitel der „Ausführung" eine Übersicht über das Auge und den Aufbau und die Funktion der Netzhaut.

In Kapitel zwei gehen wir auf die Kamera, den Aufbau und die Funktion des Bayer-Sensors ein.

Im dritten Kapitel wird ein Vergleich zwischen den vorher beschriebenen Objekten gezogen. Wir erläutern einige Gemeinsamkeiten und Unterschiede, ohne alle Informationen aus den vorherigen Kapiteln zu wiederholen. Zum Schluss, im letzten Kapitel, schauen wir noch kurz in die Zukunft und fragen uns, was die Wissenschaft hierbei von der Natur lernen kann.

Natürlich ist diese wissenschaftliche Arbeit sehr begrenzt und erweist keinen Anspruch auf Vollständigkeit. Vor allem der Vergleich zwischen Auge und Kamera ist natürlich viel umfangreicher als dargestellt.

2. Relevanz

Der Vergleich ist ein Thema, dem bisher wenig Aufmerksamkeit gewidmet wurde und über welches man nicht viel in Büchern oder im Internet findet. Deswegen sind unsere gewählten Zitate nur von Internetseiten Trotzdem ist es, so glauben wir, ungemein interessant und wichtig. Auch weil sich darin einige Möglichkeiten für die Wissenschaft verbergen.

3. Arbeitsweisen

Wir haben unsere Arbeit aufgeteilt und möchten getrennt bewertet werden. Utz hat die Seiten mit blauem Balken und Julius die mit orangenem geschrieben. Wir haben ausschließlich eine Quellenanalyse durchgeführt. Die Untersuchung stützt sich hauptsächlich auf Internet Quellen und einigen Fachbüchern. Nach jedem Absatz haben wir angegeben aus welchen Quellen wir die Informationen entnommen haben. Zitate wurden direkt gekennzeichnet und befinden sich auch noch als Screenshot im Anhang.

II. Ausführung

1. Retina des Menschlichen Auges

a. Allgemeines zum Auge/Augenevolution

Das Auge ist ein wahres Wunderwerk und wohl eines der komplexesten und wichtigsten Organe des menschlichen Körpers. Es beinhaltet ungefähr 70% all unserer Sinnesrezeptoren. Auch deshalb nehmen wir unsere Umwelt hauptsächlich visuell wahr und arbeiten in unseren Sprachen mit bildhaften Redewendungen. [1]

„Wir erkennen Dinge, die so gigantisch und weit entfernt sind, wie die Sterne im Universum und so winzig und nah wie eine Ameise auf unserem Unterarm. Wir können zehn Millionen Farbtöne unterscheiden und selbst ein Photon, die kleinste Lichteinheit, genügt, um im Auge eine Reaktion auszulösen. Schon das allein macht den Sehsinn bemerkenswert. Das größte Wunder aber ist, wie das visuelle System aus dem riesigen Strom von Informationen, der permanent über die Augen eintrifft, ein stimmiges Abbild der Welt in unseren Köpfen erschafft. Im Zusammenspiel mit anderen Teilen des Denkorgans werden dabei Sinnesempfindungen sortiert, gefiltert, bewertet und so geschickt mit Gedächtnisinhalten und Erfahrungen verknüpft, dass wir uns scheinbar mühelos in unserer extrem komplexen Umgebung zurechtfinden." [2]

Im Tierreich besitzen ca. 95% aller Tiere Augen. Das menschliche Auge gehört zu den Augen der Wirbeltiere und trotzdem unterscheiden sich die Augen dieser teils sehr stark. Als Beispiel wären hier zu nennen, die Nachtsicht der Katze und die Weitsicht des Steinadlers.[3]

Eine lange Zeit galt das Auge als Beweis dafür, dass die Evolutionstheorie nicht stimmt. Selbst Charles Darwin verzweifelte an diesem Problem. Heutzutage wird angenommen, dass alle Augentypen aus einem Urtyp von Auge, welcher vor 505 Millionen Jahren aus einfachen lichtempfindlichen Zellen und Augenflecken bestand, entsprungen sind. Manche Positionen meinen auch, dass etwa 40-60 Augentypen nebeneinander entstanden sind. Bis jetzt konnte keine Partei ihre Version glaubhaft beweisen. Einig sind sich die Wissenschaftler in jedem Fall über die Entwicklung der Sinnesorgane. Unter den Tieren begann wohl ein regelrechtes Wettrüsten und so entwickelte sich das Auge relativ schnell zu dem was es heute ist. Der Grund dafür ist, dass Augen großartige Vorteile beim Jagen und Flüchten haben. In dieser Arbeit beschränken wir uns aber nur auf das menschliche Auge und besonders auf die Netzhaut.[4] [5]

Nun folgt ein sehr grober Aufbau des Auges (s. 1. Anhang). Es liegt gut geschützt in der Augenhöhle, Augenbraue und Wimpern verhindern das Eindringen von Fremdkörpern. Des Weiteren umfasst das Auge eine Leder-, Ader- und Netzhaut, die jeweils verschiedene Aufgaben haben. Die Hornhaut ist der Bereich den wir spüren wenn wir in die Augen fassen.

---

[1] Vgl. Gitt, 1998, S. 13
[2] Das Gehirn, Sehen - (k)ein selbstverständliches Wunder, 12.02.2018
[3] Vgl. Wikipedia, Augenevolution, 25.02.2018
[4] Vgl. Wikipedia, Augenevolution, 25.02.2018
[5] Vgl. Wissenschaft, Die verblüffende Evolution der Augen, 20.02.2018

Sie wird ständig durch die Augenlider mit Tränenflüssigkeit feucht gehalten und so vor dem Austrocknen geschützt.[1]

Das menschliche Auge lässt sich in zwei Kategorien teilen: In den optischen Teil und in die Oberfläche der Netzhaut. Im optischen Teil finden wir nach der Hornhaut im Augapfel die Iris (Regenbogenhaut). Sie reguliert, ähnlich der Blende einer Videokamera die Menge des einfallenden Lichts. Die Pupille lässt das Licht dann in das Auge hinein.[2]

Die Linse ist flexibel und kann das einfallende Licht so brechen, dass es gebündelt auf der Netzhaut auftrifft. Dadurch können wir erst scharf sehen. Der Bereich zwischen der Linse und der Netzhaut wird Glaskörper genannt, welcher mit Kammerwasser gefüllt ist. Nachdem die Lichtphotonen auf die Netzhaut auftreffen beginnt erst der eigentliche Wahrnehmungsprozess, den wir uns genau anschauen werden. Von dort gelangen Informationen über den Sehnerv ins Gehirn, wo sie dann in Sekundenbruchteilen verarbeitet werden. Das menschliche Sehorgan beinhaltet also viel mehr also nur der Augapfel und die Netzhaut. Weil diese sehr gut mit dem Kamerasensor zu vergleichen ist, wollen wir uns ab jetzt nur noch mit ihr befassen.[3 4]

b. Aufbau der Netzhaut

Unser Auge kann eine elektromagnetische Spannung von 400 (violett) -750 (rot) Nanometer wahrnehmen. Nur für Strahlungen dieser Wellenlänge besitzen wir Rezeptoren im Auge. Ein Lichtphoton ist die kleinste messbare Einheit. (s. 2. Anhang)[5]

Dieses Licht, welches von verschiedenen Gegenständen reflektiert wird trifft auf die nur 0,2 mm dicke Netzhaut (Retina). Jetzt beginnt erst der eigentliche Wahrnehmungsprozess.[6 7]

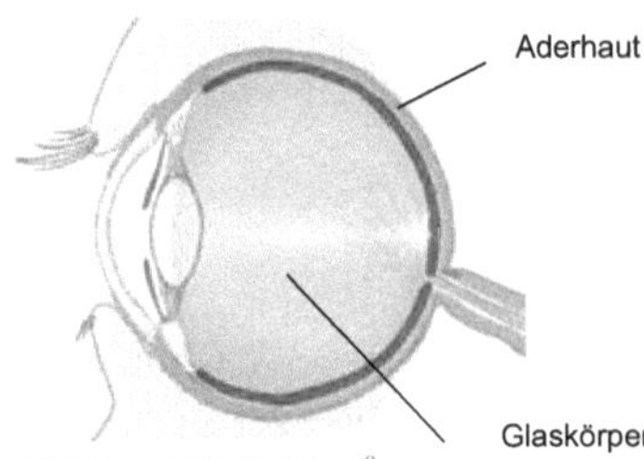

Abbildung 1 Die Netzhaut[9]

Die gekrümmte Netzhaut befindet sich auf der Innenseite des Auges. (s. 3. Anhang) Sie besteht aus mehreren Zellschichten, die sehr gut miteinander vernetzt sind. Außerdem ist sie mit der Aderhaut verbunden, die sie mit Blut versorgt. Zugleich wird die Retina durch den Glaskörper an die Außenseite des Augapfels gedrückt. Sie besteht aus insgesamt 6 Zellschichten mit jeweils verschiedenen Funktionen.[8]

---

[1] Vgl. Brillen-Sehhilfen, Auge: Aufbau und Funktion, 25.02.2018
[2] Vgl. Gitt, 1998, S. 13f
[3] Vgl. Fritsche, 2013, S. 107
[4] Vgl. Brillen-Sehhilfen, Auge: Aufbau und Funktion, 25.02.2018
[5] Vgl. Heinen, 2008, S. 139
[6] Vgl. Gitt, 1998, S. 15
[7] Vgl. Brillen-Sehhilfen, Auge: Aufbau und Funktion, 25.02.2018
[8] Vgl. Brillen-Sehhilfen, Netzhaut des Auges: Aufbau und Funktion, 25.02.2018
[9] Abb. von lasikon.de, Aufbau des menschlichen Auges

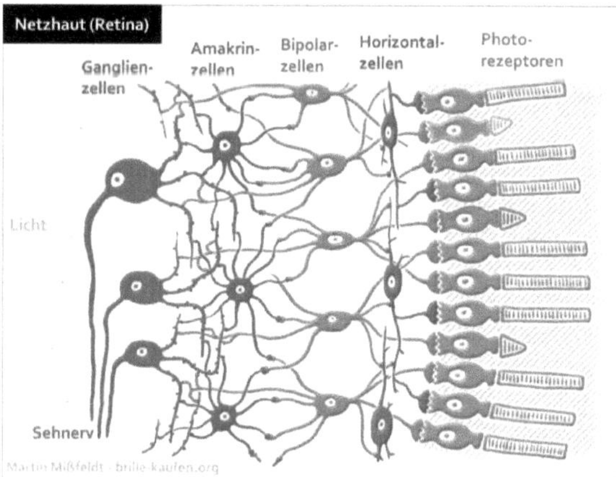

Abbildung 2 Aufbau der Netzhaut[5]

Die Reihenfolge der Zellschichten verläuft aus Sicht des Lichtes umgekehrt zu ihren Funktionen:

- Ganglienzellen, ca. 1 Millionen pro Auge
- Amakrinzellen
- Bipolarzellen
- Horizontalzellen
- Photorezeptoren, ca. 126 Millionen pro Auge
- Retinales Pigmentepithel (RPE)[1]

Da man sich manchmal im hellen Sonnenlicht und im schwachen Mondschein zurechtfinden muss, gibt es zwei verschiedene Photorezeptoren im Auge:

Name:	**Zapfen**	**Stäbchen**
Form:	klein, spitzzulaufend	zylindrisch
Reiz:	Farben	Hell-Dunkel
Empfindlichkeit:	wenig empfindlich (erst bei Tageslicht)	hochempfindlich (nur im Dunkeln)
Typen:	3 (RGB)	1
Anzahl	6 Mio.	120 Mio.[2]

Photorezeptoren können das Licht in die "Einheitssprache des Gehirns" umwandeln. Sie liegen auf der Rückseite der Netzhaut. Das Licht muss erst durch alle anderen Zellschichten hindurch, um auf die Rezeptoren zu treffen. Im äußeren Bereich der Netzhaut sind nur Stäbchen vertreten, je weiter man Richtung Mitte geht, desto mehr Zapfen begegnen uns. (s. 4. Anhang) Von ihnen gibt es drei verschiedene: [3]

---

[1] Vgl. Brillen-Sehhilfen, Netzhaut des Auges: Aufbau und Funktion, 25.02.2018
[2] Vgl. Gitt, 1998, S. 15f
[3] Vgl. Brillen-Sehhilfen, Netzhaut des Auges: Aufbau und Funktion, 25.02.2018

- Blau-Zapfen, die bei Licht mit 420 Nanometer am stärksten reagieren, Anzahl: 8%
- Grün-Zapfen, die bei Licht mit 534 Nanometer am stärksten reagieren, Anzahl: 46%
- Rot-Zapfen, die bei Licht mit 564 Nanometer am stärksten reagieren, Anzahl: 46% (s. 5. Anhang)[1]

Der Bereich wo sich fast alle Zapfen sehr gedrängt befinden nennt man Fovea centralis. Sie bildet den Ort höchster Sehschärfe der gesamten Netzhaut. Fokussiert man einen Gegenstand wird die Fovea auf das Objekt ausgerichtet. Da weniger Zapfen und später nur noch Stäbchen vorhanden sind, sehen wir alles außerhalb schon wieder unscharf.[2]

Die erzeugten elektrischen Impulse wandern dann wieder in umgekehrter Richtung an den Rand zum Auginneren hin, von wo die Vorsätze der Ganglienzellen sie über den Sehnerv (ca. 2mm Dick, besteht aus ca. 1Mio Fasern) durch die Netzhaut zum Gehirn leiten. Dort sind keine Rezeptoren auf der Retina vorhanden. Hier ist also ein „Blinder Fleck", den das Gehirn aber gut ausgleichen kann. Übrigens ist die komplette Netzhaut schmerzfrei, weil sie keine Schmerzfasern enthält.[3] [4]

c. Funktion

Schauen wir mit unserem Auge tagsüber auf einen Gegenstand sodass wir ihn scharf sehen, fliegen reflektierte Lichtphotonen in unser Sehorgan. Nachdem sie von der Linse gebrochen und gebündelt auf die letzte Zellschicht der Netzhaut treffen, wird erst einmal das überschüssige Licht von der RPE absorbiert. Dann treffen sie auf die Zapfen/Stäbchen. Am helllichten Tag werden nur die Zapfen angesprochen. Deswegen sehen wir tagsüber scharf und in Farbe, nachts und bei Dämmerung hingegen, wo nur die empfindlicheren Stäbchen gereizt werden, sehen wir hauptsächlich in Graustufen. Durch einen sehr komplexen Prozess werden die Lichtphotonen zuerst in chemische Signale umgewandelt. Diese werden verstärkt, falls noch weitere Photonen auf die Netzhaut treffen und dann als elektrisches Signal in die Bipolarzellen geleitet.[5]

Davor jedoch werden die Signale mithilfe der Horizontalzellen verglichen und falls das Signal auch bei anderen ankommt, wird „versendet". Wenn nicht (z.B. ein "versehentlicher" Nervenimpuls), so wird er verworfen. Die Bipolarzellen verstärken und bündeln die Informationen. In den nachfolgenden Amakrinzellen werden die Informationen verarbeitet, d.h. gruppiert und verglichen. Von dort aus werden die Signale über die Ganglienzellen verstärkt und über Axone mit Hochgeschwindigkeit in das Gehirn geleitet. Alle Axone zusammen nennt man Sehnerv. Im Gehirn treffen die Informationen der beiden Augen zusammen und werden miteinander verrechnet. Unser Gehirn spricht also die Sprache der Nervenimpulse. Die Sinneszellen fungieren quasi als Dolmetscher zwischen den Informationen „aus anderen Sprachen" und den Impulsen.[6] [1] [2]

---

[1] Vgl. Brillen-Sehhilfen, Auge: Aufbau und Funktion, 25.02.2018
[5] Abb. von lasikon.de, Aufbau des menschlichen Auges
[2] Vgl. Gesundes-Auge, Die Netzhaut des Auges, 26.02.2018
[3] Vgl. Gitt, 1998, S. 15f
[4] Vgl. Medizininfo, Bau und Funktion der Netzhaut, 25.02.2018
[5] Vgl. Brillen-Sehhilfen, Netzhaut des Auges: Aufbau und Funktion, 25.02.2018
[6] Vgl. Brillen-Sehhilfen, Netzhaut des Auges: Aufbau und Funktion, 25.02.2018

„In der Sehrinde beginnt erst die eigentliche Analyse. Und sie beginnt rasend schnell: Von der Codierung des Bildes in der Netzhaut bis zu den ersten messbaren Impulsen in der primären Sehrinde vergehen bei gesunden Menschen kaum 100 Millisekunden. [...]. So können wir uns dank des auf Leistung getrimmten Bauplans jederzeit sicher sein, dass das was wir sehen, auch gerade passiert [...].“[3]

d. Aufgaben

Die Netzhaut hat diese, schon erläuterten Aufgaben:

1. Umwandeln von Lichtphotonen in Nervenimpulse mithilfe der Photorezeptoren
2. Verarbeiten der Impulse (Verstärken, Filtern, Sortieren, Ordnen)
3. Weiterleiten der gefilterten Lichtinformation ins Gehirn mithilfe der Ganglien-Zellen

Die verschiedenen Aufgaben verbrauchen, unter anderem auch, weil wir ca. 80% unserer Welt visuell aufnehmen, sehr viel Energie. Das Gehirn ist mit ca. 60% Auslastung der Großhirnrinde am Sehprozess beteiligt ist. Um es nicht zu überlasten, werden die komplexen Lichtinformationen gut vorverarbeitet. Damit werden nur die wichtigsten Impulse durch den Sehnerv an das Gehirn geleitet.[4]

---

[1] Vgl. Das Gehirn, Sehen - (k)ein selbstverständliches Wunder, 12.02.2018
[2] Vgl. Gitt, 1998, S. 16
[3] Das Gehirn, Die Sehbahn – Hochgeschwindigkeitsleitung ins Gehirn, 12.02.2018
[4] Vgl. Das Gehirn, Sehen - (k)ein selbstverständliches Wunder, 12.02.2018

2. Bayer-Sensor einer Videokamera

a. Allgemeines zur Videokamera/Sensorentwicklung

Der Bayer-Sensor wird aufgrund seiner Vorteile in vielen verschiedenen Foto- und Videokameras verbaut. Um zu verstehen wie dieser funktioniert, sollte man zu erst einmal wissen wie im Allgemeinen aus Licht ein Bild in einer Kamera entsteht.

Das Licht wird mit Hilfe der Linsen im Objektiv gebrochen und trifft somit als optische Projektion auf den Bildsensor. Dieser wandelt das auftreffende Licht in elektronische Signale um. Daraufhin erfolgt die Quantisierung, bei der die elektronischen Signale im Analog/Digitalwandler in digitale Sprache umgewandelt werden.

Je nach Einstellung des Ausgabeformates wird nun die Bilddatei verarbeitet und komprimiert (z.B. JPG) oder aber direkt mit allen Bildinformationen auf einem Speichermedium gespeichert (z.B. RAW).[1]

Es gibt verschiedene Arten von Bildsensoren. In der Foto und Video Branche werden häufig one-shot-Sensoren genutzt. Bei einem one-shot-Sensor wird nur eine Belichtung benötigt um ein Bild aufzunehmen. Der Bayer Sensor ist ein solcher und ist aufgrund seines kostengünstigen Aufbaus und seiner geringen Größe im Vergleich zu 3-Chip-Systemen am weitesten verbreitet. Er wird in Fotokameras, Filmkameras aber auch in Mobiltelefonen verbaut. Der Bayer-Sensor ist je nach Preisklasse in verschiedenen Größen erhältlich.

Ein Unterschied zu anderen Bildsensoren liegt im Farbfilter, der von dem US-amerikanischen Physiker Bryce E. Bayer erfunden wurde. „Er war in der Entwicklungsabteilung von Eastman Kodak tätig, wo er 1974 den nach ihm benannten und 1976 patentierten Bayer-Filter entwickelte.“[2] [3]

Ein weiterer Bestandteil des Bayer-Chips ist der CCD-Sensor (charge-coupled device; dt. ladungsgekoppeltes Bauteil). Dieser wurde Ursprünglich 1969 zur Datenspeicherung entwickelt. Allerdings stellte sich heraus, dass der CCD-Sensor lichtempfindlich ist. Seit 1975 werden diese Sensoren bereits in Kameras verbaut. In der Videotechnik haben die CCD-Sensoren das Röhrenprinzip verdrängt.[3] [4]

b. Aufbau

Der Bayer-Sensor ist aus einem schachbrettartigen Farbfilter und einem Halbleiter mit lichtempfindlichen Fotodioden (CCD-Sensor) zusammengesetzt. Der CCD-Sensor besteht aus einem Halbleitermaterial, das durch Isolatoren in Reihen gegliedert ist. Darüber befinden sich quer zu den Isolatoren leitfähige Aluminiumstreifen. Somit ist das Halbleitermaterial in Millionen von Pixeln eingeteilt. Auf dem CCD-Sensor befindet sich der Bayer-Farbfilter. Jeder Pixel hat entweder einen blauen einen grünen oder einen roten Farbfilter. Reihenweise betrachtet befinden sich auf einer Zeile abwechselnd blaue und grüne und in der folgenden Zeile rote und grüne Farbfilter. Dieses Schema erstreckt sich über den gesamten Sensor,

---

[1] Vgl. Digitipps, Bildsensor, 09.02.2018
[2] Wikipedia, Bryce E. Bayer, 16.02.2018
[3] Vgl. Wikipedia, Bayer-Sensor, 16.02.2018
[4] Vgl. Wikipedia, CCD-Sensor, 16.02.2018

sodass 25% der Farbfilter nur rotes, 25% nur blaues und 50% nur grünes Licht durchlassen. Von den grünen Farbfiltern gibt es doppelt so viele, da das menschliche Auge grüne Farb- und Helligkeitswerte, aber auch den Kontrast und die Schärfe besser unterscheiden kann. Darüber befindet sich außerdem jeweils pro Pixel eine Mikrolinse.[1 2 3 4 5]

Ein Pixel hat die Größe von 1,4 µm bis über 20 µm. Hierbei gilt, je größer die Fläche der einzelnen Pixel, desto höher ist die Lichtempfindlichkeit. Allerdings wird bei gleichbleibender Sensorgröße die Bildauflösung schlechter.[6]

c. Funktion

Das Licht trifft durch die Linsen des Objektives auf den Sensor. Da die Fotodioden nur Helligkeitswerte aufnehmen können würde ohne einen RGB-Filter ein Graustufenbild entstehen. Die Farbfilter, die vor jeder einzelnen Fotodiode sitzen, lassen nur eine bestimmte Wellenlänge durch, sodass jede Fotodiode nur die Helligkeitswerte für die Farbe Rot, Grün oder Blau ermittelt. Bei der Belichtung des lichtempfindlichen Sensors stellt sich analog zu der jeweiligen Beleuchtungsstärke, an jeder einzelnen Fotodiode ein bestimmter Ladungszustand ein. Je höher die Helligkeit der eintretenden Farbe, desto höher ist die entstehende Ladungsintensität auf dem CCD-Sensor und umgekehrt.[2 7 8 9]

Durch Veränderung einer Spannung am CCD-Sensor werden die Ladungsträger zeilenweise verschoben. Die verschiedenen elektronischen Werte werden nacheinander ausgelesen. Der Bildprozessor wertet nun die Informationen für jedes einzelne Pixel aus. Mit Hilfe der acht umliegenden Pixel wird mittels Mittelwertbestimmung der Farbwert für das einzelne Pixel errechnet. Dieser Vorgang wird als Interpolation bezeichnet. „Die durch die Interpolation zwangsläufige Weichzeichnung wird anschließend durch elektronische Scharfzeichnung wieder korrigiert."[1 4 7 10 11]

Es gibt verschiedene Möglichkeiten zu interpolieren. Unterschiedliche Software verwendet eine andere Art der Interpolation. Dabei hat jede Veränderung Einfluss auf das entstehende Bild. Aus diesem Grund kann ein Sensor der gleichen Bauart, bei den gleichen Bedingungen unterschiedlich farbliche Bilder entstehen lassen.[12 13 14 15]

Bei der Abspeicherung im RAW-Format kann die Interpolation später am Computer benutzerdefiniert vorgenommen werden. Hierbei können außerdem der Weißabgleich, die

---

[1] Vgl. YouTube, Wie funktioniert ein CCD Sensor [Compact Physics] - Fast Forward Science 2015, 16.02.2018
[2] Vgl. Digitipps, Bildsensor, 09.02.2018
[3] Vgl. Matrix Vision, Farbverarbeitung mit Bayer-Mosaic Sensoren, 16.02.2018
[4] Vgl. Stemmer Imagine, Bayer-Filter, 16.02.2018
[5] Vgl. PT4Pano, Status Sensortechnologie, 16.02.2018
[6] Wikipedia, Bayer-Sensor, 16.02.2018
[7] Vgl. Kindermann, 2008, S. 36 f.
[8] Vgl. Red, The Bayer Sensor Strategy, 16.02.2018
[9] Vgl. YouTube, Funktionsweise eines CCD-Chips, 16.02.2018
[10] Böhringer, 2014, S. 120.
[11] Vgl. Vision Doctor, Bayer-Farbinterpolation, 09.02.2018
[12] Vgl. Matrix Vision, Farbverarbeitung mit Bayer-Mosaic Sensoren, 16.02.2018
[13] Vgl. Kindermann, 2008, S. 36 f.
[14] Vgl. Red, The Bayer Sensor Strategy, 16.02.2018
[15] Vgl. Vision Doctor, Bayer-Farbinterpolation, 09.02.2018

Helligkeit, der Kontrast usw. im Nachhinein besser bearbeitet werden. Bei der Abspeicherung im JPG-Format werden die Herstellereinstellungen auf das aufgenommene Bild angewendet. Somit ist eine Bearbeitung insbesondere der Farbintensität nicht so gut möglich.[1]

Wenn ein Video aufgezeichnet wird, werden mehrere Bilder pro Sekunde aufgenommen. Das Prinzip ist dasselbe. Kinofilme oder professionelle Aufnahmen werden häufig mit 25 Bildern pro Sekunde aufgenommen. Die Abspeicherung im RAW-Format benötigt mehr Speicherplatz und der Mensch empfindet bei mehr als 25 Bildern pro Sekunde das bewegte Bild als flüssig.

3. Vergleich

a. Allgemein Kamera - Auge

Aufbau und Funktion des menschlichen Auges lassen sich sehr gut mit denen einer Videokamera vergleichen. Denn beide können ein Abbild der Umwelt zeigen. Die Iris des Auges kann man mit der Blende einer Kamera vergleichen. Beide können die Lichtmenge regulieren, wenn sich die Lichtsituationen ändern. Die Pupille dagegen stellt die Blendenöffnung dar. Im Auge durchquert das Licht dann die Linse. Diese ist vergleichbar mit dem Linsensystem im Objektiv des Fotoapparates. Das Licht wird gebrochen und fällt umgedreht bei der Kamera auf einen Sensor und im Auge auf die Netzhaut. Hier wird jeweils das Licht in elektrische Signale umgewandelt und an das Gehirn bzw. zum Speicher geleitet, wo die Informationen bearbeitet und korrekt ausgegeben werden. Mit diesem Prozess werden wir uns gleich näher beschäftigen.[2] [3]

Das Verfahren des Scharfstellens übernimmt im Auge die flexible Linse und in der Kamera das manuelle/automatische Verschieben der Linsen. Aber es gibt auch einige Unterschiede. Zum Beispiel kann die Kamera zoomen und die Anpassungen an die Lichtverhältnisse können manuell verstellt werden. Das Auge wiederum fokussiert laufend und man sieht das anvisierte Bild immer scharf. Deswegen irritiert uns ein unscharfer Hintergrund auf einem Foto auch so. Unser Gehirn versucht ihn scharf zu stellen, schafft es aber nicht.[4]

Außerdem verschleißt eine Kamera viel schneller als das Auge. Einer der größten Unterschiede im Sehprozess zum Kameraprozess ist aber, dass unser Gehirn, im Gegensatz zu den heutigen Kamerasoftwares, die Informationen wesentlich besser mit anderen verbinden und assoziieren kann.[5]

b. Gemeinsamkeiten

Wie schon beschrieben gibt es einige Gemeinsamkeiten zwischen einer Kamera und dem menschlichen Auge. Die Retina und der Sensor einer Kamera lassen sich auch sehr gut vergleichen, da diese einen Großteil zur Entstehung des Bildes beitragen.

---

[1] Vgl. Digitipps, Bildsensor, 09.02.2018
[2] Vgl. Heinen, 2014, S. 148
[3] Vgl. Lasik-Germany-Blog, Auge und Fotokamera, 25.02.2018
[4] Vgl. das Erste, Video: Auge und Kamera, 19.02.2018
[5] Vgl. Heinen, 2014, S. 141

Die erste Gemeinsamkeit liegt in der Position. Die Netzhaut befindet sich im hinteren Teil des Auges, ebenso wie der Sensor, der sich im hinteren Teil der Kamera befindet. Diese Position ist sehr wichtig, damit ein scharfes Bild entstehen kann.

Außerdem treffen sowohl beim Auge als auch beim Sensor Lichtwellen auf die Oberfläche auf. Bei beiden gibt es lichtempfindliche Bestandteile, die entweder blaue, rote oder grüne Lichtwellen aufnehmen. Beim Auge wird dieser Prozess von den Zapfen ausgeführt. Der Sensor besitzt, um die verschiedenen Farben bzw. Lichtwellen zu filtern, einen Farbfilter. In unserem Fall ist dies der Bayer-Filter, der für jede Fotodiode Lichtwellen durchlässt, die wir als Rot, Blau oder Grün empfinden.

Die Anzahl der grünen Farbfilter ist bei dem Bayer-Sensor höher als die Anzahl der roten und blauen Farbfilter. Auch beim Auge ist die Anzahl der Zapfen, die auf grünes Licht reagieren höher als die, die z.B. auf blaues Licht reagieren.

Eine weitere Gemeinsamkeit liegt in der Helligkeitswahrnehmung. Das Auge hat dazu die sogenannten Stäbchen und der Sensor besitzt hierzu die Fotosensoren. Sowohl die Stäbchen als auch die Fotosensoren können nur Helligkeitswerte aufnehmen.

Der Sensor und die Netzhaut senden je nach Lichtintensität starke oder schwächere elektronische Impulse zu der Kameraelektronik oder zum Gehirn. Die Kamera besitzt zur Verarbeitung dieser Signale die Hard-/Software und der menschliche Körper verarbeitet die Signale mit Hilfe des Gehirns. Hier werden jeweils die elektronischen Signale in ein oder mehrere Bilder umgewandelt.

Die Netzhaut und der Sensor sind beide sehr lichtempfindlich. Hohe Strahlung kann bei beiden zu bleibenden Schäden führen. Besonders schädlich sind UV-Strahlen oder auch Laserpointer.

Bei dem Sensor können Pixelfehler auftreten. Diese können durch die Kamerasoftware behoben werden. Beim Auge können Fehler durch das Gehirn ausgeglichen werden. Ein Bespiel dafür ist die Ausblendung des schwarzen Fleckes. Hier erarbeitet das Gehirn, ähnlich wie bei der Kamera, mit Hilfe des umliegenden Sichtbereiches eine Überblendung.

Farbfehlsichtigkeit durch falsche Verarbeitung des Gehirns oder durch fehlende Zäpfchen können mit einem fehlerhaften Weißabgleich verglichen werden. In beiden Fällen gehen Farben verloren und in beiden führt dies zu einer fehlerhaften Darstellung der Umgebung.

c. Unterschiede

Natürlich gibt es auch einige Unterschiede zwischen der Retina und dem Kamera Chip. Im Prinzip besitzt eine Kamera nur Stäbchen, also „Sinneszellen“ zum Unterscheiden der Helligkeit. Diese wurde sozusagen mit Farbfiltern ausgestattet. Sie sind auch noch gleichmäßig über den ganzen Sensor verteilt. Das Auge dagegen hat Sinneszellen zur Farb- und Helligkeitswahrnehmung und diese sind logisch im Auge verteilt. Jeder gesunde Mensch kann ungefähr gleich scharf sehen und seine Netzhaut hat die Größe jeder anderen Netzhaut. In Videokameras können jedoch viele verschiedene Sensoren verbaut sein. Manche zeichnen mit mehr Megapixel auf, andere sind größer und somit lichtempfindlicher. Des Weiteren ist die Netzhaut des Menschen gebogen und der Sensor eine starre Platte. Auch wenn das Auge viel mehr Sinneszellen als die meisten Kameras Pixel hat, wird geschätzt, dass wir an unserer Fovea eine eher geringe „Megapixelanzahl“ haben.[1]

Beim Thema der Schärfe begegnet uns ein weiterer Unterschied. Schauen wir mit unseren Augen auf eine Landschaft, ist, auch wenn wir es kaum bemerken, nur ein kleiner Teil scharf. Das ist der Teil unseres „gelben Fleckes“, dem Ort des schärfsten Sehens. Filmen wir mit einer Videokamera die Landschaft, wird sie komplett scharf abgebildet. Das liegt daran, dass im Kamerasensor die lichtempfindlichen Pixel gleichmäßig verteilt sind, die Photorezeptoren im Auge aber ungleichmäßig über die Netzhaut zerstreut. Fokussieren wir nun mit unserem Auge unseren Finger vor dem Gesicht erscheint das Umfeld unscharf. Blicken wir aber auf dieses wird es augenblicklich scharf. Bei einem Bild von einem fokussiertem Finger versucht unserer Gehirn auch den Hintergrund scharf zustellen, schafft es aber nicht und ist verwirrt. Das macht aber gerade den Reiz von unscharfen Hintergründen aus.[2]

Unser Auge nimmt fast alle Helligkeitsunterschiede wahr und kann bei schwierigen Lichtsituationen trotzdem noch viele Details erkennen. Der Bayer-Sensor schafft nur einen Bruchteil von diesem Dynamikumfang und der Fotograf muss sich entscheiden welche Objekte man detailliert sehen soll und welche nicht. Unsere Netzhaut kann auch nur ca. 10 bis 14 Bilder pro Sekunde verarbeiten. Ein Kinofilm dagegen wird mit ca. 25 Bildern pro Sekunde aufgenommen. Viele Kameras schaffen aber schon 60 oder noch mehr Bilder pro Sekunden.[3]

Wie bei jedem Gerät, das analoge Signale in verstärkte digitale Signale umwandelt verstärkt sich das Rauschen mit. Bei der Kamera geschieht dies, wenn der ISO erhöht wird. Im Auge vernehmen wir aber keine Rauschstörungen. Denn das Auge hat eine komplizierte Vorrichtung diese „Fehlalarme“ gar nicht erst an das Gehirn weiterzugeben.[4]

---

[1] Vgl. Digitalkamera, Das menschliche Auge – wie wir Bilder sehen, 26.02.2018
[2] Vgl. Fotokurs, Vergleich Auge und Fotoapparat, 25.02.2018
[3] Vgl. Heinen, 2014, S. 139
[4] Vgl. Gitt, 1998, S. 16

Das menschliche Auge benötigt einen Mindest-Lichtstrom um in Farbe zu sehen. Die Sensoren einer digitalen Videokamera können jedes einzelne Photon theoretisch sichtbar machen. Eine schwache Lichtquelle kann durch Verlängerung der Belichtungszeit kompensiert werden. Hierbei hat die Kamera unserem Auge etwas voraus.[1]

Ein großer Unterschied besteht auch darin, dass ein Roh Bild aus der Kamera ziemlich fertig aussieht, eines des Auges jedoch unbrauchbar ist. Wenn das Gehirn nicht ganze Arbeit leisten würde, hatten wir einen Seheindruck mit unscharfen grauen Rändern, einem schwarzen Fleck im Zentrum und nur einen wenig scharfen und farbigen Seheindruck. Unser Gehirn gleicht aber alles hervorragend aus und setzt die beiden Bilder unserer Augen zu einem dreidimensionalen Eindruck zusammen.[2]

d. Zukunft

Trotz aller technischer Fortschritte ist die Natur immer noch der beste Ingenieur. Das menschliche Auge kann immer noch bessere Aufnahmen machen als der Sensor der besten Kamera. Allerdings ist die Technik weiterhin auf dem Vormarsch im Gegensatz zum menschlichen Auge. Dieses hat sich seit Bestehen der Menschen nur geringfügig entwickelt. Momentan werden gekrümmte Sensoren z.B. von Sony entwickelt. Die Wölbung soll bezwecken, dass nicht nur das Zentrum des aufgenommenen Bildes scharf abgebildet wird, sondern auch die oft unscharfen Ränder künftig schärfer dargestellt werden können.[3]

Auch sollen künftig CCD-Sensoren als Implantat in der Medizin eingesetzt werden. Dies wird allerdings nicht zur Leistungssteigerung geschehen, sondern zur Behandlung von erblindeten. Bisher wurden lediglich Chips implantiert, mit denen die Betroffenen nur Hell und Dunkel unterscheiden können. In Zukunft sollen voll funktionsfähige Sensoren verbaut werden, mit denen die betroffenen Personen wieder vollständig sehen können. Bis die Medizin so weit fortgeschritten ist, wird es aber noch seine Zeit brauchen.[4]

---

[1] Vgl. Extrasolar, Auge vs. CCD-Chip, 25.02.2018
[2] Vgl. das Erste, Video: Auge und Kamera, 19.02.2018
[3] dkamera, Sony entwickelt neuen CMOS-Sensor mit gekrümmter Oberfläche, 23.02.2018
[4] Zeit Online, Die Wiedererfindung des Sehens, 23.02.2018

III. Schluss

1. Fazit

a. Zusammenfassung

Die Netzhaut des menschlichen Auges und der Bayer-Sensor haben Ähnlichkeiten aber auch Unterschiede. Der Sensor in einer Kamera und das menschliche Auge ähneln sich in vielen Aspekten und werden in Zukunft miteinander kompatibel sein. Sei es der Sensor im Auge, um Blinden neues Augenlicht zu geben oder der gekrümmte Sensor in der Kamera, um die Bilder gänzlich scharf darzustellen. Allerdings gibt es auch Unterschiede. Auf der Netzhaut befinden sich im Zentrum mehr Stäbchen und Zapfen als im Umkreis. Dagegen sind beim Bayer-Sensor die Pixel gleichmäßig und linear nebeneinander verteilt.

b. Schlussfolgerungen

Der Bayer-Sensor erstellt mit Hilfe der Kameraelektronik nach demselben Prinzip wie die Netzhaut des menschlichen Auges, mithilfe des Gehirns, Bilder. Allerdings funktionieren die beiden komplett separaten Systeme in einigen Gesichtspunkten unterschiedlich. Dennoch lassen sich beide Systeme kombinieren und zur Verbesserung von CCD-Sensoren wird immer wieder im Naturreich abgeschaut.

c. Reflexion

Die Arbeit in der Gruppe ist ohne negative Zwischenfälle gut verlaufen. Jeder hat sich an die abgesprochenen Termine gehalten und alle haben in gleichen Teilen zur Arbeit beigetragen. Außerdem wurde nicht nur auf Internetquellen, sondern auch auf Buchquellen zurückgegriffen. Die Beschaffung von den Buchquellen hat sich zunächst schwer gestaltet. Nach einem erfolgslosen Bibliotheksbesuch haben wir dennoch ein paar zum Thema passende Bücher auftreiben können. Das Gruppenklima war stets positiv und wir finden das aus der Gruppenarbeit resultierende Ergebnis sehr gut.

IV. Literatur- und Quellenverzeichnis

1. Literatur:

- **Böhringer**, Joachim; Bühler, Peter; Schlaich, Patrick; Sinner, Dominik: Kompendium der Mediengestaltung. II. Medientechnik, 6. Auflage, Berlin: Springer Verlag, 2014.
- **Fritsche**, Olaf: Physik für Biologen und Mediziner. 1. Auflage, Heidelberg: Springer, 2013.
- **Gitt**, Werner: Faszination Mensch. 1. Auflage, Bielefeld: CLV, 1996.
- **Heinen**, Gerd: AV-Medientechnik. 2. Auflage, Nourney: Europa Lehrmittel, 2014.
- **Kindermann**, Klaus: Fotografieren für Fortgeschrittene. Foto-, Licht- und Aufnahmetechnik optimal einsetzen. 1. Auflage, Poing: Franzi, 2008.

2. Internetquellen:

- **brillen-sehhilfen.de**. Auge: Aufbau und Funktion. URL: https://www.brillen-sehhilfen.de/auge/ (25.02.2018).
- **brillen-sehhilfen.de**. Netzhaut des Auges (Retina): Aufbau und Funktion. URL: https://www.brillen-sehhilfen.de/auge/netzhaut-retina.php (25.02.2018)
- **daserste.de**. Video: Auge und Kamera – ein Vergleich. URL: http://www.daserste.de/information/wissen-kultur/w-wie-wissen/videos/www_28-01-2017_AugeKamera-100.html (25.02.2018).
- **dasgehirn.info**. Die Sehbahn- Hochgeschwindigkeitsleitung ins Gehirn. URL: https://www.dasgehirn.info/wahrnehmen/sehen/die-sehbahn-hochgeschwindigkeitsleitung-ins-gehirn (25.02.2018).
- **dasgehirn.info**. Sehen - (k)ein selbstverständliches Wunder. URL: https://www.dasgehirn.info/wahrnehmen/sehen/sehen-kein-selbstverstaendliches-wunder (12.02.2018).
- **digitalkamera.de**. Das menschliche Auge – wie wir Bilder sehen. URL: https://www.digitalkamera.de/Fototipp/Das_menschliche_Auge_wie_wir_Bilder_sehen/5619.aspx (26.02.2018)
- **digitipps.ch**. Bildsensor. URL: https://www.digitipps.ch/fototechnik/bildsensor/ (09.02.2018).
- **dkamera.de**. Sony entwickelt neuen CMOS-Sensor mit gekrümmter Oberfläche. Neuer Sensor verspricht bessere Bildqualität dank optimierter Lichtausbeute, URL: http://www.dkamera.de/news/sony-entwickelt-neuen-cmos-sensor-mit-gekruemmter-oberflaeche/ (23.02.2018).
- **extrasolar.ch**. Auge vs. CCD-Chip. URL: http://www.extrasolar.ch/augeccd.html (25.02.2018)
- **foto-kurs.com**. Vergleich Auge und Fotoapparat. URL: https://www.foto-kurs.com/vergleich-auge-und-fotoapparat.htm (25.02.2018).
- **gesundes-auge.de**. Die Netzhaut des Auges (Retina). URL: https://www.gesundes-auge.de/auge/aufbau/netzhaut/ (25.02.2018).

- **lasik-germany-blog**.de. Auge und Fotokamera: Gemeinsamkeiten und Unterschiede. URL: http://www.lasik-germany-blog.de/auge-und-fotokamera-gemeinsamkeiten-und-unterschiede/ (25.02.2018).
- **lasikon.de**. Aufbau des menschlichen Auges. URL: https://www.lasikon.de/auge/aufbau-des-auges/ (25.02.2018).
- **lasikon.de**. Die Netzhaut (Retina). URL: https://www.lasikon.de/auge/netzhaut-retina/ (25.02.2018).
- **matrix-vision.com**. Farbverarbeitung mit Bayer-Mosaic Sensoren. URL: https://www.matrix-vision.com/tl_files/mv11/Glossary/art_bayermosaic_de.pdf (16.02.2018).
- **medizininfo.de**. Bau und Funktion der Netzhaut. URL: http://www.medizinfo.de/augenheilkunde/netzhaut/anatomie.htm (25.02.2018)
- **netdokter.de**. Netzhaut. URL: https://www.netdoktor.de/anatomie/netzhaut/ (25.02.2018).
- **onlinesehtests.de**. Netzhaut (Retina) im Auge. URL: https://www.onlinesehtests.de/auge/netzhaut-retina.php (25.02.2018).
- **pt4pano.com**. Status Sensortechnologie. URL: http://pt4pano.com/blog/2012/status-sensortechnologie (16.02.2018).
- **red.com**. The Bayer Sensor Strategy. URL: http://www.red.com/learn/red-101/bayer-sensor-strategy (16.02.2018).
- **stemmer-imaging.de**. Bayer-Filter. URL: https://www.stemmer-imaging.de/de/grundlagen/bayer-filter/ (16.02.2018).
- **vision-doctor.com**. Bayer-Farbinterpolation. URL: http://www.vision-doctor.com/flaechenkameras/1chip-farbkameras/bayer-farbinterpolation.html (09.02.2018).
- **wikipedia.org**. Augenevolution. URL: https://de.wikipedia.org/wiki/Augenevolution (25.02.2018).
- **wikipedia.org**. Bayer-Sensor. URL: https://de.wikipedia.org/wiki/Bayer-Sensor (16.02.2018)
- **wikipedia.org**. Bryce E. Bayer. URL: https://de.wikipedia.org/wiki/Bryce_E._Bayer (16.02.2018).
- **wikipedia.org**. CCD-Sensor. URL: https://de.wikipedia.org/wiki/CCD-Sensor (16.02.2018).
- **wissenschaft.de**. Die verblüffende Evolution der Auge. URl: http://www.wissenschaft.de/archiv/-/journal_content/56/12054/1619699/Die-verbl%C3%BCffende-Evolution-der-Augen/ (25.02.2018).
- **youtube.com**. Funktionsweise eines CCD-Chips. URL: https://www.youtube.com/watch?v=ZZFVsKobznU (16.02.2018).
- **youtube.com**. Wie funktioniert ein CCD Sensor [Compact Physics] - Fast Forward Science 2015. URL: https://www.youtube.com/watch?v=YBYLxE5oMLM (16.02.2018)
- **zeit.de**. Netzhaut-Chip. Die Wiedererfindung des Sehens, URL: http://www.zeit.de/2017/51/netzhaut-chip-augenerkrankung-blinde-sehen (23.2.2018)

V. Anhang

1. Anhang

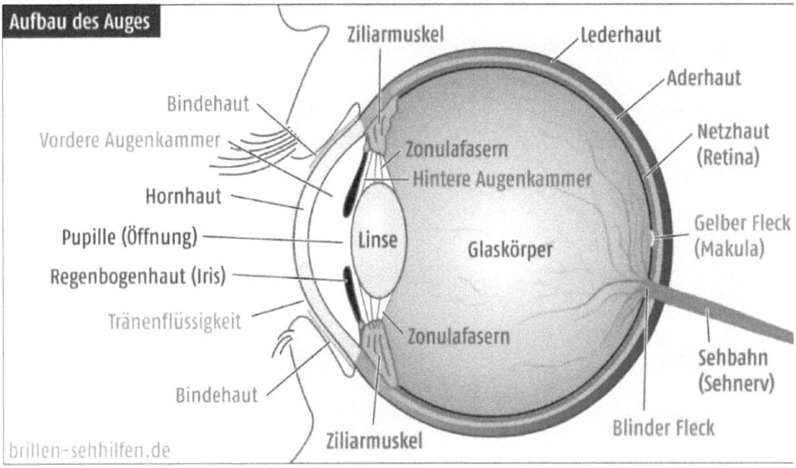

Abbildung 3 Aufbau des Auges[59]

2. Anhang

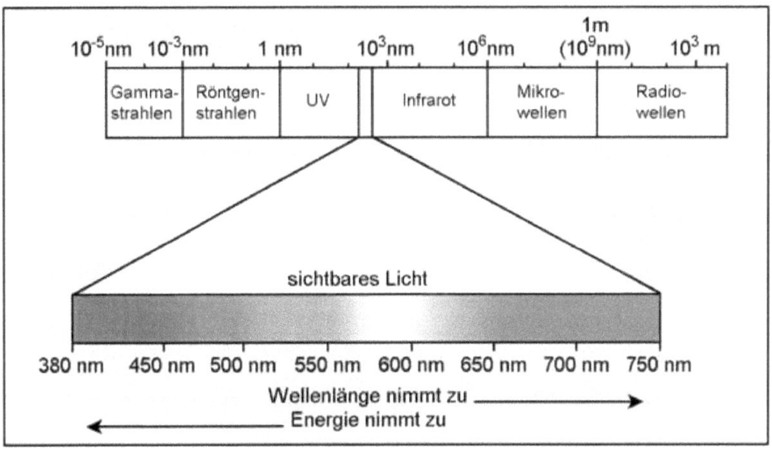

Abbildung 4 Sichtbarer Wellenbereich im Elektromagentischen Spektrum[60]

---

[59] Abb. von Brillen-Sehhilfen, Netzhaut des Auges: Aufbau und Funktion
[60] Abb. von hhu.de, Elektromagnetisches Spektrum und sichtbares Licht

3. Anhang

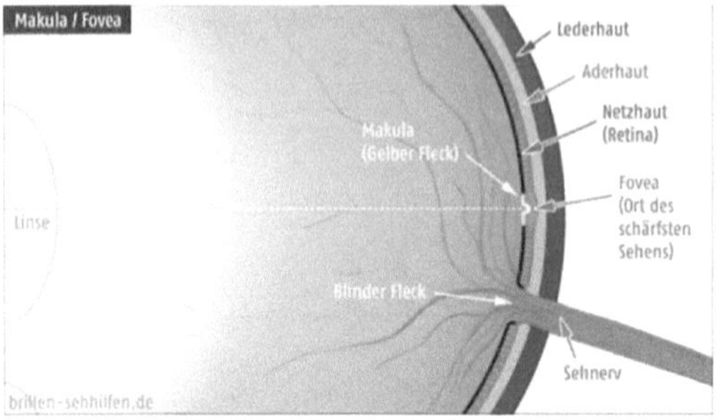

Abbildung 5 Die Netzhaut im Auge[61]

4. Anhang

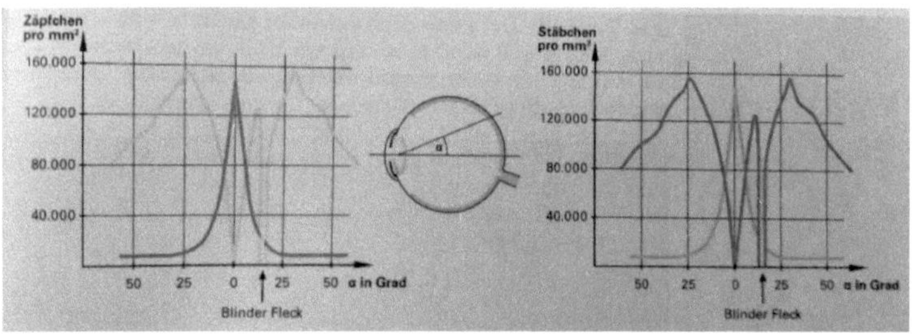

Abbildung 6 Verteilung der Sehzellen im Auge[62]

5. Anhang

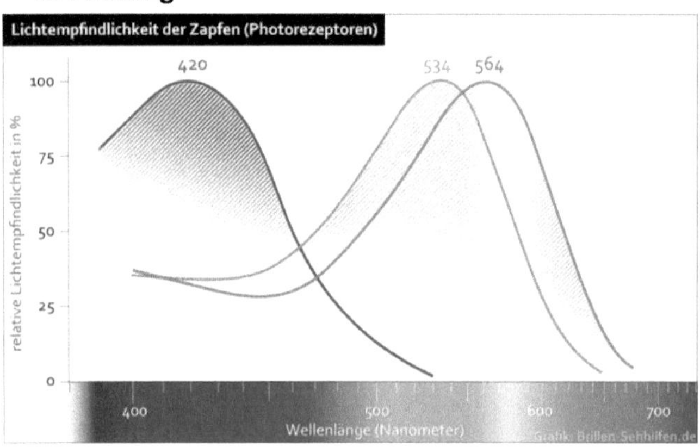

Abbildung 7 Lichtempfindlichkeit der verschiedenen Zapfen[63]

---

[61] Abb. von Brillen-Sehhilfen, Netzhaut des Auges: Aufbau und Funktion
[62] Abb. von Heinen, 2014, S. 143
[63] Abb. von Brillen-Sehhilfen, Netzhaut des Auges: Aufbau und Funktion

6. Anhang

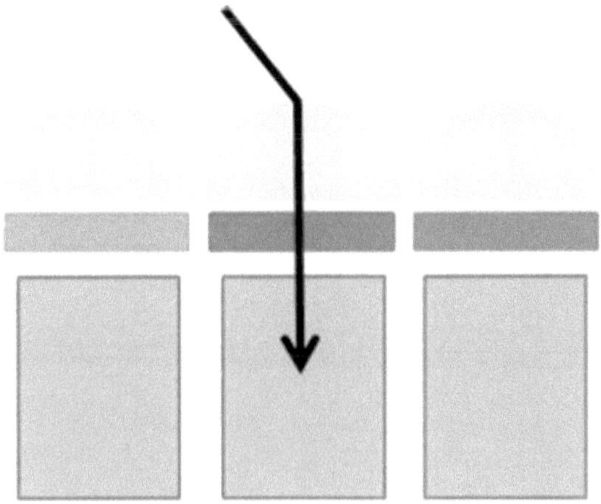

Abbildung 8 Schematischer Aufbau Bildsensor[64]

7. Anhang

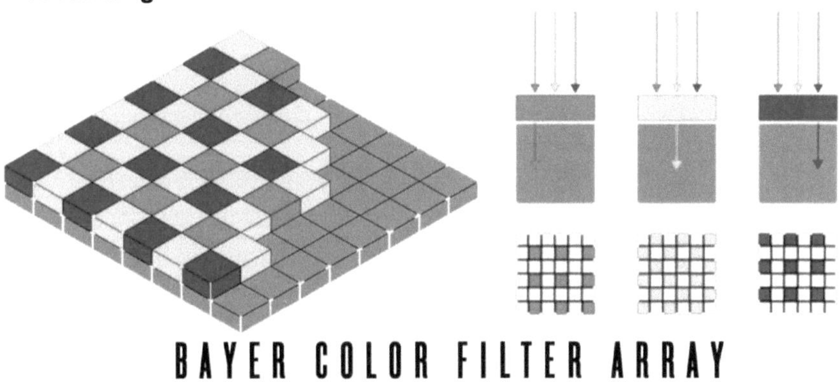

Abbildung 9 Aufbau Bayer-Sensor[65]

[64] Abb. von Diggitipps, Bildsensor
[65] Abb. von theangryvideoguy.de, From Sensor to Screen

8. Anhang

hen/sehen-kein-selbstverstaendliches-wunder

Startseite Glossar 3D-Gehirn Suche da

Sehen öffentlicht: 08.12.2016

Das Wichtigste in Kürze

Wir erkennen Dinge, die so gigantisch und weit entfernt sind, wie die Sterne im Universum und so winzig und nah wie eine Ameise auf unserem Unterarm. Wir können zehn Millionen Farbtöne unterscheiden und selbst ein Photon, die kleinste Lichteinheit, genügt, um im Auge eine Reaktion auszulösen. Schon das allein macht den Sehsinn bemerkenswert. Das größte Wunder aber ist, wie das visuelle System aus dem riesigen Strom von Informationen, der permanent über die Augen eintrifft, ein stimmiges Abbild der Welt in unseren Köpfen erschafft. Im Zusammenspiel mit anderen Teilen des Denkorgans werden dabei Sinnesempfindungen sortiert, gefiltert, bewertet und so geschickt mit Gedächtnisinhalten und Erfahrungen verknüpft, dass wir uns scheinbar mühelos in unserer extrem komplexen Umgebung zurechtfinden.

Abbildung 10 Zitat[66]

9. Anhang

Auf Leistung getrimmter Bauplan

In der Sehrinde erst beginnt die eigentliche Analyse. Und sie beginnt rasend schnell: Von der Codierung des Bildes in der Netzhaut bis zu den ersten messbaren Impulsen in der primären Sehrinde vergehen bei gesunden Menschen kaum 100 Millisekunden. Möglich macht diese Geschwindigkeit – neben der Reduktion auf nur eine Umschaltstelle – die Ummantelung der Nervenfasern mit Myelinhüllen, die eine sehr hohe Leitungsgeschwindigkeit erlauben. So können wir uns dank des auf Leistung getrimmten Bauplans jederzeit sicher sein, dass das, was wir sehen, auch gerade passiert — außer das Fernsehen schummelt.

Veröffentlichung: am 03.11.2010
Aktualisierung: 13.01.2017

Abbildung 11 Zitat 2[67]

---

[66] Abb. von Das Gehirn, Sehen - (k)ein selbstverständliches Wunder
[67] Abb. von Das Gehirn, Die Sehbahn – Hochgeschwindigkeitsleitung ins Gehirn

10. Anhang

Bryce E. Bayer

Bryce E. Bayer (* 15. August 1929 in Portland, Maine; † 13. November 2012 in Bath, Maine) war ein US-amerikanischer Physiker. Er entwickelte die Bayer-Matrix.

Leben [Bearbeiten | Quelltext bearbeiten]

Bayer besuchte die Deering High School in Portland. 1951 beendete er sein Studium der Technischen Physik an der University of Maine mit einem Bachelor-Abschluss. 1960 erwarb er einen Master in Statistik (Industrial statistics) der University of Rochester. Er war in der Entwicklungsabteilung von Eastman Kodak tätig, wo er 1974 den nach ihm benannten und 1976 patentierten Bayer-Filter entwickelte.[1] Der Filter ermöglichte die Entwicklung von Bildsensoren zur Aufnahme von Farbinformationen und damit die Entwicklung von Digitalkameras.

Abbildung 12 Zitat 3[68]

11. Anhang

[ABBILDUNG WURDE AUS URHEBERRECHTLICHEN GRÜNDEN ENTFERNT]

[68] Abb. von Wikipedia, Bryce E. Bayer

[69] Böhringer, 2014, S. 120.